ADDITIONS A LA FLORE BRÉSILIENNE

ITINÉRAIRE BOTANIQUE

DANS LA PROVINCE DE MINAS GERAES

ACCOMPAGNÉ

D'UN APERÇU SUR LES PRINCIPALES RÉGIONS PARCOURUES
ET DE CONSIDÉRATIONS SUR L'HABITATION, L'IMPORTANCE, ETC.,
DE CHAQUE PLANTE REMARQUABLE

PAR

LADISLAU NETTO
DOCTEUR EN PHILOSOPHIE, DIRECTEUR DE LA SECTION DE BOTANIQUE ET AGRICULTURE
AU MUSÉUM IMPÉRIAL DE RIO DE JANEIRO

Lu à la Société botanique de France à la séance du 22 juin 1866

PARTIE BOTANIQUE DU RAPPORT SUR LE BASSIN DU HAUT SAN FRANCISCO

PARIS
IMPRIMERIE SIMON RAÇON ET COMPAGNIE
RUE D'ERFURTH, 1

1866

ADDITIONS

A LA

FLORE BRÉSILIENNE

ADDITIONS A LA FLORE BRÉSILIENNE

ITINÉRAIRE BOTANIQUE

DANS LA PROVINCE DE MINAS GERAES

ACCOMPAGNÉ

D'UN APERÇU SUR LES PRINCIPALES RÉGIONS PARCOURUES
ET DE CONSIDÉRATIONS SUR L'HABITATION, L'IMPORTANCE, ETC.
DE CHAQUE PLANTE REMARQUABLE

PAR

LADISLAU NETTO

DOCTEUR EN PHILOSOPHIE, DIRECTEUR DE LA SECTION DE BOTANIQUE ET AGRICULTURE
AU MUSÉUM IMPÉRIAL DE RIO DE JANEIRO.

Lu à la Société botanique de France à la séance du 22 juin 1866

PARTIE BOTANIQUE DU RAPPORT SUR LE BASSIN DU HAUT SAN FRANCISCO

PARIS
IMPRIMERIE SIMON RAÇON ET COMPAGNIE
RUE D'ERFURTH, 1

1866

ADDITIONS

A LA

FLORE BRÉSILIENNE

Une liste des végétaux recueillis dans leur pays natal, quelque restreinte et quelque incomplète qu'elle soit relativement à la flore de cette région, est toujours un *gradus ad geographiam botanicam*, et, à ce point de vue, je serai heureux de pouvoir ajouter une petite pierre aux bases sur lesquelles est fondée cette branche si intéressante de la botanique.

La liste que je présente ici comprend uniquement les plantes recueillies dans le court voyage que j'ai effectué à travers une certaine étendue de la province de Minas Geraes, lorsque, par ordre du Gouvernement Impérial, j'ai été chargé, avec M. le lieutenant du génie Eduardo-José de Moraes, d'accompagner M. Liais dans l'exploration du haut San-Francisco. Je n'ai pas la prétention de donner cette collection comme fournissant une idée complète des plantes qui croissent naturellement le long de la route que nous avons suivie. Il aurait fallu, pour cela, que j'eusse été muni du matériel indispensable au botaniste pour dessécher et conserver ces collections et que tout mon temps fût consacré à cette étude.

Nous n'avions pas le nécessaire, et ce n'est que par des efforts très-grands que j'ai pu réunir les végétaux dont je vais donner l'énumération. Le temps surtout me manquait, car depuis la ville de Sabará jusqu'au fleuve de San-Francisco, c'est-à-dire dans la région peut-être la plus riche que nous ayons visitée, presque toutes mes journées étaient consacrées à l'exploration hydrographique du Rio das Velhas, que nous parcourions en ajoujo (canots réunis)[1].

J'ai tiré cependant le meilleur parti que j'ai pu de cette collection botanique, grâce aux herbiers de Saint-Hilaire, de M. de Martius, de Gardner, de Claussen, de Blanchet, de M. Weddell, de Vauthier, de Guillemin, et à celui qui fut donné par le Muséum de Rio de Janeiro à Ch. Gaudichaud, herbier qui compte environ 4,500 espèces.

Dans cette énumération je ne suivrai pas l'ordre biologique, c'est-à-dire que je ne rapprocherai pas les plantes des diverses stations en groupes échelonnés suivant les conditions dans lesquelles elles vivent. Je donnerai une simple nomenclature des plantes rencontrées dans les lieux que j'ai parcourus, et cela station par station.

La végétation des *campos* qui environnent la ville de Sabará, où mes premières herborisations furent faites, rappelle à peu près celle des pâturages qu'on rencontre en se rendant du bord du plateau de la Mantiqueira au Rio das Velhas, avec ceci toutefois de particulier qu'au voisinage de Sabará les plantes des forêts sont plus abondantes dans les lieux atteints par les crues du fleuve, et que la végétation propre des plaines ou *campos* est enrichie d'espèces qui ne lui appartiennent pas généralement. Ceci paraît provenir de ce que ces campos sont à une petite distance de la Serra do Espinhaço, qui, comme l'a fait remarquer Aug. de Saint-Hilaire, est la limite entre le versant habité par des plantes forestières et celui de la vallée du San-Francisco, dont les végétaux sont généralement d'une autre nature. Nul doute que la proximité de la riche végétation du littoral, qui s'étend jusqu'au pied de cette chaîne, n'ait exercé une grande influence sur la flore de la région des campos, région à laquelle appartient le bassin de Sabará, ou plutôt celui du Rio das Velhas, qui baigne tout un côté de cette ville. C'est un fait d'ailleurs fort curieux que celui de l'émigration des plantes des forêts vers les campos et *vice versa*.

[1] Un atlas comprenant ces travaux a été récemment publié par MM. Garnier frères, éditeurs.

Le nombre de ces transfuges, il faut le dire, ne paraît pas être considérable; mais, quelque petit qu'il soit, on doit en faire mention, et il est même regrettable que ce fait, de la plus haute importance au point de vue de la culture, ait été négligé jusqu'à nos jours.

Mais, outre la circonstance de se trouver à une petite distance des forêts de l'Est, il faut ajouter que les plaines des environs de Sabará reçoivent des dépôts et des engrais de tous les côtés, soit des régions élevées de Ouro-Preto par le Rio das Velhas, soit de la haute montagne de Piedade qui en est voisine, soit enfin des contreforts occidentaux de la Serra do Espinhaço elle-même; de là la fécondité qu'on remarque dans toute la vallée et dans les campos moins élevés, fécondité qui se fait voir particulièrement au pied de la Serra da Piedade. En se rendant au sommet de cette montagne, on traverse une forêt très-épaisse qui n'est autre, ce me semble, que la *Grossa Capoeira* (Taillis), signalée par Aug. de Saint-Hilaire, lors de son excursion aux mêmes lieux. Quarante ans ont suffi pour accomplir ce changement.

Quant aux plantes des campos, par suite de ce qui a été dit plus haut, elles sont relativement fort nombreuses et donnaient, lors de notre séjour à Sabará (au mois de mars), un aspect très-agréable au tapis de Graminées qui couvre ces prairies.

Au milieu des *Baccharis*, des *Vernonia*, des *Cuphea*, des *Lippia*, des *Hyptis*, des *Oxalis*, des *Croton*, croissent le *Diplusodon villosissimus*, Pohl., le *D. virgatus*, Pohl., le *Keithia denudata*, Bth., un joli *Clitoria*, une Gentianée médicinale, très-estimée sous le nom vulgaire de *Centaurea*, et qui n'est autre que le *Lisianthus amplissimus*, Mart., plusieurs espèces de *Crotalaria*, de *Lasiandra*, d'*Eugenia*, une foule de Malpighiacées, appartenant aux genres *Hiræa*, *Byrsonima*, *Heteropteris*, *Camarea*, mais surtout au genre *Banisteria*, telles que le *B. campestris*, A. Jus., le *B. crotonifolia*, A. Jus., etc., et beaucoup d'autres végétaux, communs aux campos geraes. Ce sont des arbrisseaux, s'élevant à peine au-dessus des touffes de Graminées, et formant pour ainsi dire le deuxième plan de la flore des campos.

Le troisième et le dernier plan comprend les arbres rabougris, aux branches tortueuses, et s'élevant de quatre à six mètres environ au-dessus du sol.

Lorsque parfois ces arbres caractéristiques du *Sertão* se trouvent en grande abondance dans les plaines, au détriment des Graminées qui leur cèdent la place, ils forment ces sortes de forêts naines ou maquis qu'on désigne dans le pays sous le nom de *Serrados*. Aux environs de Sabará on remarque aisément toutes ces nuances, et, soit dans les serrados, soit dans les campos proprement dits, la végétation la plus élevée se compose des genres *Qualea*, *Amphilochia*, *Vochysia*, *Kielmeyera*, *Gomphia*, *Curatella*, *Hymenæa*, etc., parmi lesquels il est agréable de voir çà et là quelques touffes de *Cocos campestris*, Mart., jolis petits palmiers qu'on rencontre avec quelque abondance dans les campos qui touchent aux parties moyennes du cours du Rio das Velhas.

L'arbre le plus beau du plateau de la Mantiqueira, l'*Araucaria Brasiliensis*, Lam., ne s'y montre plus; mais en revanche, soit sur les bords de la rivière, soit le long des ruisseaux ses tributaires, l'œil se réjouit d'apercevoir par moments le feuillage sombre et luisant de l'*Attalea compta*, Mart., et de l'*Acrocomia sclerocarpa*, Mart.

Si, en descendant des sommets des Mornes ou des plateaux ondulés, on veut suivre les vallées boisées de la rivière et des ruisseaux, on se trouve au milieu d'une végétation bien plus riche que celle des plaines et qui en diffère considérablement. Je ne parle pas des arbres qu'on y rencontre; on sait les difficultés qu'on a de les reconnaître, non-seulement à cause de la rareté de leurs fleurs en général, mais surtout à cause de la hauteur à laquelle celles-ci se trouvent. Je ne fais donc allusion qu'aux végétaux moins élevés dont j'ai pu recueillir des échantillons.

Ils appartiennent à plusieurs genres de Solanées, d'Acanthacées, de Malpighiacées, de Melastomacées, d'Euphorbiacées, etc., et, parmi les plus intéressants, il faut compter quelques *Polygala* et *Begonia*, deux *Syphocampylus;* le *S. corymbiferus*, Pohl., et le *S. Westinianus*, Pohl., un *Rubus*, un *Æschynomene*, un *Periandra* et plusieurs lianes appartenant aux genres *Paullinia*, *Menispermum*, *Baccharis*, *Hiræa*, *Passiflora*, etc.

Mais la végétation la plus curieuse et celle qui physiologiquement mérite une attention toute particulière, est celle du haut de la montagne de la Piedade. Lors de mon ascension au sommet de ce massif majestueux, j'ai eu occasion de constater partiellement ce que d'autres avaient déjà remarqué au sujet des modifications que subit la flore d'une montagne lorsqu'on compare les végétaux qui croissent à sa base avec ceux qui se trouvent à son sommet.

A peine ai-je eu franchi le bois qui couvre toute la base de cette montagne jusqu'à un quart de sa hauteur, je me suis aperçu de la différence qui existe entre les végétaux qui m'entouraient et ceux des plaines voisines de la ville de Sabará et dont l'aspect m'était devenu familier. Cette différence, d'abord faible, s'est accusée de plus en plus lorsque, en suivant le sentier qui conduit à l'ermitage de Piedade, je m'élevais au dessus du niveau des campos.

Le terrain y est aride, rocailleux et couvert d'énormes blocs qu'on croirait prêts à rouler dans l'abîme, et la stérilité qu'on supposerait devoir y rencontrer par suite de cette nature de terrain n'y existe pas; une foule de petits végétaux propres aux montagnes de l'intérieur de Minas y croissent avec vigueur. Ce sont des végétaux presque tous parasites, ou de ceux dont les racines traçantes et aériennes ne fournissent à la plante qu'une nourriture insuffisante prise dans un sol rocailleux, laissant à leurs organes appendiculaires le soin de puiser dans l'air le complément de la substance indispensable à leur développement. Les Bromeliacées, les Orchidées, les Gesneriacées, etc., y sont naturellement les plus nombreux représentants de la flore, et rien n'est plus agréable à l'œil, fatigué de la couleur noirâtre de la roche, que de voir parfois au sommet des blocs élevés et pointus des bouquets d'*Orchys* et de *Gesneria*, élevant ensemble leurs hampes richement fleuries vers le beau ciel de Minas.

Deux belles espèces de *Gesneria*, le *G. magnifica*, Loud., et le *G. prasinata*, Ker., sont surtout très-communes à la Serra de la Piedade. Mais beaucoup d'autres végétaux intéressants figurent aussi dans la flore de cette montagne, et parmi eux je citerai le *Fuchsia pubescens*, Cant., trois espèces de *Vellosia* aux couleurs très-vives, des *Amaryllis*, un *Alstrœmeria*, un *Episcia*, un magnifique *Eriocaulon*, un *Cuscuta* et l'*Evolvulus rufus*, A. S.-H., découvert par A. de Saint-Hilaire sur cette montagne, qui me paraît être son habitation exclusive.

Les habitants de Sabará, en me parlant de Piedade, me l'avaient désigné sous le nom de *Rico Jardim*, et d'après ce que j'y ai pu voir dans un séjour de quelques heures à peine et dans une saison qui n'est pas des plus favorables à la végétation, cette désignation me paraît justifiée. Les plantes y sont en effet aussi nombreuses que belles, et outre celles que je viens de mentionner, j'y ai vu, au milieu d'une foule d'arbrisseaux aux feuilles roides et poilues, une belle espèce du genre *Laplacea*, quelques Melastomacées et de nombreux individus des genres *Lippia*, *Vernonia*, *Baccharis* et *Keithia*. J'ai recueilli également, sur le haut de Piedade, et à quelques pas de la chapelle, un *Galactia*, un *Gaylussacia* aux fleurs rouges, et un *Proteopsis*, qui me paraissent être les habitants des lieux les plus élevés de Minas, sinon exclusivement de Piedade et des hautes montagnes qui en sont voisines.

De Sabará nous nous sommes embarqués sur le Rio das Velhas, que nous devions parcourir jusqu'à son embouchure dans le San-Francisco. Les conditions de ce voyage, comme je l'ai dit plus haut, n'étaient nullement favorables à la récolte des plantes; aussi, lorsqu'à la fin de la journée nous nous arrêtions à l'une des rives pour y passer la nuit, je m'empressais de franchir la ligne de bois qui couvre les bords de la rivière, et j'essayais d'explorer complétement, quoique rapidement, les mornes et les plaines voisines, où j'avais à regretter souvent d'être surpris par les premières ombres de la nuit.

Jusqu'aux environs de Lagôa-Santa, au-dessous de la ville de Santa-Luzia, je n'ai pu découvrir qu'un très-petit nombre de plantes nouvelles, ce qui tenait à ce que nous étions encore trop près de Sabará pour que la flore des campos pût être sensiblement modifiée. Mais dans une excursion que j'ai faite jusqu'au village de Lagôa-Santa, en parcourant une étendue de trois lieues à travers les plaines, j'ai remarqué que quelques espèces à peine visibles à Sabará commençaient déjà à y dominer, telles que le *Lafoensia pacari*, A. S.-H., l'*Hymenæa stilbocarpa*, Mart., quelques *Gomphia*, plusieurs espèces de *Bombax* et surtout les touffes des *Cocos campestris*. Ces petits palmiers s'y trouvent en si grande abondance, qu'en les voyant abriter parfois comme une sorte de forêt naine les amas pyramidaux d'argile formés par les termites, j'ai cru être un moment devant une capricieuse miniature des riants paysages de la côte du nord du Brésil, où les huttes des pêcheurs sont bâties à l'ombre des cocotiers.

Au bord même de la Lagôa-Santa j'ai rencontré un magnifique *Cassia* aux fleurs jaunes, qui me paraît avoir émigré de son pays natal vers ce lieu charmant.

Le fond de la Lagôa-Santa doit contenir des richesses végétales inconnues à la science, car ce lac, comme tous ceux de ces régions, quoique peuplé de beaucoup d'espèces de végétaux, n'a été exploré convenablement par aucun botaniste. On y trouve une plante (un *Scirpus*) qui, par sa nature particulière, a fait naître la petite industrie des nattes dites de Lagôa-Santa, fort prisées par les habitants de Minas. Cette industrie soutient un certain nombre de familles pauvres, et il est à regretter qu'on ne prenne pas des précautions pour la récolte de cette plante utile, car, d'après ce qu'on m'a rapporté sur les lieux mêmes, elle tend à disparaître complétement.

Parmi les rares espèces de palmiers qui habitent les bords du Rio das Velhas jusqu'à l'établissement du Jaguára, on aperçoit constamment l'*Attalea Compta*, avec ses feuilles en arcs perpendiculaires, dont l'élégance est du plus bel effet au milieu d'arbres aux feuilles finement découpées.

Toute cette partie du Rio das Velhas présente également sur ses deux rives une végétation d'une vigueur et d'une richesse admirables. Rien n'est plus majestueux que ces sombres forêts au pied desquelles l'eau coule sans bruit, comme pour laisser mieux entendre le gazouillement de milliers d'oiseaux cachés sous le feuillage, et, ce qui ravit toute l'attention du voyageur, ce qui le porte à la contemplation de tant de merveilles dont cette nature tropicale paraît seule posséder les secrets, c'est la multitude, la variété et les formes gracieuses des plantes grimpantes, pour lesquelles chaque tronc, chaque branche d'arbre est un appui. Les *Serjania*, les *Paullinia*, les *Heteropteris*, les *Hiræa*, les *Tetrapteris*, les *Passiflora*, les *Schnella*, les Convolvulacées et les Bignoniacées sarmenteuses, liées élégamment en guirlandes touffues et parfois émaillées de fleurs éclatantes, descendent du sommet des arbres jusqu'à la surface des eaux, et comme rassasiées des effluves du courant, elles vont remontant en courbes capricieuses vers les branches les plus élevées pour redescendre encore. En vain l'œil le plus exercé essayerait de suivre chacune de ces plantes à travers le lacis inextricable qu'elles forment. La cime d'un seul arbre est souvent couverte des fleurs les plus diverses, appartenant non-seulement aux lianes qui s'y sont accrochées, mais aussi à des plantes parasites délicates, qui ne lui demandent qu'un faible point d'appui pour étaler librement leurs hampes fleuries.

Parfois des murailles calcaires, toujours couvertes d'une végétation luxuriante, offrent aux yeux du voyageur leurs faces perpendiculaires et simulent des ruines grandioses ou plutôt les masses de gneiss que nous admirons à la baie Rio de Janeiro, et qui la font considérer par les étrangers comme la première et la plus majestueuse du monde. Ce sont des sentinelles avancées de ces immenses dépôts calcaires qui caractérisent l'établissement de Jaguára, et le voyageur, en les apercevant, sait déjà qu'il n'en est pas loin. En effet nous y fûmes bientôt arrivés.

Cette région, par suite des accidents et de l'hétérogénéité de son sol, devient une station importante pour le botaniste, outre qu'elle est déjà pour le paléontologiste le lieu le plus riche de la province de Minas Geraes, sinon même de tout le Brésil, car, dans un rayon de trois à quatre lieues tout au plus, on rencontre plusieurs centaines de cavernes à ossements fossiles, dont quelques-unes ont cent mètres et même davantage de profondeur. Ce sont alors des galeries horizontales aussi vastes que les nefs d'un temple et remplies de superbes stalactites, qui, réunis parfois à des stalagnites, simulent des colonnes aux formes on ne peut plus bizarres, et dont les faces pittoresquement sculptées réfléchissent de tous côtés les lumières portées par les visiteurs.

Aux environs de ces grands dépôts calcaires le sol est presque aussi riche que celui des bords de la rivière, et les campos eux-mêmes en éprouvent l'action, car le nombre des arbustes et des arbres rabougris y est beaucoup plus grand que partout ailleurs.

Parfois ces plaines s'affaissent doucement vers un certain point et, en y arrêtant les eaux des pluies ou de quelque faible ruisseau du voisinage, y forment tantôt des lacs aux eaux limpides et profondes, tantôt des marécages remplis de végétaux aquatiques.

Nous sommes restés plusieurs jours à Jaguára, afin de nous procurer des hommes exercés à la navigation de la partie moyenne de la rivière, qui était inconnue aux canotiers pris à Sabará.

J'ai pu explorer, pendant ce temps d'arrêt, toutes les plaines environnantes et en avoir ainsi un grand nombre de plantes. Les campos les plus proches de la rivière, de même qu'à Sabará et à Santa-Luzia, contiennent des dépôts de bois silicifié, divisé en fragments de différentes dimensions et parfois arrondis. Généralement cette couche pierreuse est recouverte d'un dépôt d'argile et de sable, mais il arrive quelquefois qu'elle est mise à nu par les torrents occasionnés par les pluies et qu'elle devient alors impropre à la végétation. J'ai été fort étonné de la rencontrer non-seulement à plusieurs centaines de mètres du lit normal de la rivière, mais encore jusqu'à vingt et vingt-cinq mètres au-dessus du niveau de celle-ci.

Plusieurs espèces intéressantes de la flore des campos intérieurs ont été rencontrées par moi dans les prairies de Jaguára. Le *Salvertia convallariæodora*, A. S.-H. (*Bananeira do campo*), m'y a montré pour la première fois ses thyrses de fleurs odorantes, si élégants et si bien en harmonie avec ses grandes feuilles verticillées. C'est l'ornement à la fois le plus beau et plus utile[1] que l'horticulture des pays chauds puisse aller chercher dans le Sertão de Minas Geraes.

La famille des Vochysiacées, à laquelle appartient cet arbre intéressant, est celle qui domine le plus dans cet endroit, où elle est représentée par le *Vochysia sericea*, Pohl., par le *Vochysia elliptica*, Mart. (*Páo doce*), par le *Qualea gestasiana*, A. S.-H. (*Páo terra pequeno*), par l'*Amphilochia campestris* (*Páo terra grande*), par le *Qualea ecalcarata*, Mart., etc.

Parmi les arbrisseaux et les sous arbrisseaux qui couvrent les prairies, on remarque une grande abondance de petits buissons d'une

[1] La parfumerie ne saurait trouver une odeur ni plus exquise, ni plus nouvelle que celle des fleurs de cette plante. Le Brésil n'a pas besoin d'aller chercher, pour cette industrie, les fleurs dont on se sert depuis longtemps ailleurs; il ne doit même pas le faire s'il veut y réussir, car notre avantage dans ces sortes de produits ne peut exister en réalité que parce que nous disposons d'éléments inconnus de tous les autres pays.

espèce de *Guarea*, dont les fruits ont la plus grande ressemblance avec ceux de l'*Hancornia speciosa*, Gomes (*Mangabeira*).

Les Labiées y sont aussi fort communes et le genre *Hyptis* est sans contredit celui qui fournit la majeure partie des arbrisseaux de ces campos. Dans les lieux bas et exposés aux crues des eaux, deux de ses nombreuses espèces, surtout l'*Hyptis rubiginosa*, Bth., et l'*H. carpinifolia*, Bth. (*Catinga de mulata*), couvrent littéralement le sol.

Les plantes caractéristiques du Sertão commencent d'ailleurs à être représentées à Jaguára, où en même temps les plateaux deviennent de plus en plus étendus, les mornes généralement moins élevés et la sécheresse et la saison des pluies plus tranchées et plus intenses qu'à Barbacena et à Ouro-Preto.

Le *Lafoensia Pacari*, A. S.-H., le *Curatella Çaimbahiba*, A. S.-H., les nombreuses espèces du genre *Erythroxylon*, les *Guatteria* et les *Xylopia*, le *Mayonia glabrata*, A. S.-H., le *Caryocar brasiliensis*, A. S.-H., le *Gomphia floribunda*, et une foule d'arbres très-communs sur les rives de San-Francisco y abondent, tantôt dans les *Serrados*, tantôt dans les *Taboleios Descobertos*. C'est ici que j'ai vu pour la première fois les belles fleurs des arbustes désignés par les bergers sous le nom de *Roseiras do Campo*, et qui ne sont autres que le *Kielmeyera rosea*, Mart., et le *K. rubriflora*, A. S.-H. Ils se trouvent ordinairement à côté du *Banisteria crotonifolia*, A. S.-H., du *Salvia secunda*, Bth., de l'*Hyptis reticulata*, Mart., des *Crotalaria*, des *Solanum*, des *Pavonia*, émaillant de leurs fleurs éclatantes et de couleurs variées le tapis de Graminées qui couvre le sol.

Deux espèces du même genre, mais plus grandes que celles-ci, le *Kielmeyera coriacea*, Mart., et le *Kielmeyera speciosa*, A. S.-H. (*Páo Santo*), toutes les deux assez renommées pour leurs propriétés médicinales, sont également très-abondantes dans ces campos, où leurs feuilles allongées, un peu charnues et d'un vert clair, les font reconnaître au premier abord. Les *Cuphea* sont plus nombreux à Jaguára qu'à Sabará, où cependant ils se font remarquer partout dans les prairies. Ce sont des sous arbrisseaux aux feuilles délicates, aux fleurs roses, et dont le port rappelle beaucoup celui des Bruyères européennes. La plus grande espèce que j'aie recueillie, le *Cuphea*

Melvilla, Lind., habite au bord même de l'eau, et ne descend pas au delà de Jaguára. Ses fleurs rouges, tubuleuses et très-grandes comparativement à celles des *Cuphea arenarioides* et *sessiliflora*, espèces très-communes dans les campos, forment parfois un contraste agréable avec la couleur verte du gazon qui couvre les bords des ruisseaux.

Il est difficile, sinon impossible, de fixer des bornes à la station des espèces qui habitent les bords des rivières, car ordinairement le courant transporte au loin les graines de telle ou telle espèce qui, sans ce moyen, ne se serait pas éloignée de son habitation naturelle. Toutefois, il y a plusieurs sortes de graines dont les propriétés germinatives ne peuvent pas se conserver au contact prolongé de l'eau et qui, par cette circonstance, ne pourraient se propager au delà de leurs limites naturelles. Le *Cuphea Melvilla* doit être de ce nombre.

Dans les trois derniers jours de notre séjour à Jaguára, j'ai poussé mes excursions jusqu'à l'intérieur des grands Serrados, et j'y ai pu trouver encore quelques plantes que je n'avais pas récoltées. Parmi elles je mentionnerai le *Virgularia splendida*, Mart., et un arbuste remarquable dont les fleurs blanches et odorantes m'ont beaucoup rappelé celles de l'Oranger : c'est le *Styrax reticulatum*, Mart., que je placerai volontiers dans la liste des végétaux dont les jardins brésiliens devraient faire l'acquisiton.

De Jaguára jusqu'au village de Trahiras, j'ai eu à regretter de ne voir que quelques rares vestiges de forêts au bord de la rivière. Depuis fort longtemps on y fait des défrichements réitérés pour la culture, en suivant le mauvais usage de nos ancêtres, et de là est résultée la stérilité apparente qui se voit maintenant dans ces lieux jadis si richement boisés.

Dans les régions moins fatiguées par ces labourages nuisibles, de nombreuses huttes de paille s'élèvent sur les deux rives, où il est agréable de voir çà et là les larges feuilles des Bananiers se détachant sur le feuillage clair de la Canne à sucre, ou sur celui du Maïs, émaillé le plus souvent des fleurs jaunes des Cotonniers.

En descendant la rivière, les masses calcaires deviennent de plus en plus rares : les mornes s'abaissent graduellement jusqu'au bord de l'eau, et la végétation des campos envahit en quelque sorte tout ce sol devenu, sous la main de l'homme ignorant, aussi aride et aussi nu que les taboleiros les plus secs du Sertão. Si par hasard la crue des eaux est plus grande une année qu'elle n'est ordinairement, tous les lieux qu'elle atteint en recevant les engrais transportés par le courant deviennent plus fertiles au profit des agriculteurs qui l'exploitent de nouveau, mais qui ne profitent pas plus qu'auparavant de la leçon éloquente donnée ainsi par la nature.

Trahiras, où nous avons fait encore un arrêt de quelques jours, se trouve sur les limites du sertão que j'appellerai de Curvello, parce que le bourg de ce nom y est situé. Ce sertão comprend les vastes plaines qui s'étendent depuis les montagnes de Diamantino jusqu'aux rives du San-Francisco, entre le Rio das Velhas et le Paraopeba. On y trouve plusieurs plantes qui sont également communes dans les déserts de Goyaz et de Piauhy.

La végétation y est très-riche, mais seulement dans la saison des pluies, c'est-à-dire du mois d'août au mois de mai. Pendant le reste de l'année, les champs y éprouvent une sécheresse très-grande, et la végétation y paraît comme languissante. Il est vrai qu'il en est de même pour les campos de la Mantiqueira et de la Serra do Espinhaço, mais il s'en faut bien que dans ces dernières régions l'intensité des saisons soit aussi grande que dans les déserts du San-Francisco.

Lors de notre arrivée à Trahiras, au mois de mai, la végétation commençait déjà à prendre cette couleur pâle qui la caractérise pendant l'automne dans les régions froides du globe, en couvrant toute la terre d'une sorte de tristesse dont les campos de l'intérieur du Brésil n'offrent qu'une faible image. Ici les feuilles jaunissent et sont emportées par le vent, mais la séve du végétal y conserve toujours une certaine activité, le développement de ses tiges n'a pas d'arrêt prononcé, et si le voyageur, surpris par l'aspect général de la végétation, se croit un moment dans une région extratropicale, la présence d'un fruit, d'une fleur ou de quelques bourgeons vigoureux lui rappelle immédiatement que le soleil des tropiques l'éclaire toujours de ses rayons perpendiculaires.

Plusieurs végétaux, en outre, ne se dépouillent pas de leurs feuilles, tandis que d'autres les conservent au sommet de leurs branches, en sorte qu'au milieu de la teinte pâle dont se couvrent généralement ces prairies, surtout vers le mois de juillet, l'œil se repose agréablement sur le feuillage vert de ces plantes.

Les *Carrascos* sont très-serrés à Trahiras, et les bouquets de *Cocos campestris* y sont tellement communs qu'ils les rendent parfois difficilement pénétrables.

Au-dessus des arbres rabougris des campos s'élèvent les tiges longues et grêles du *Xylopia grandiflora*, A. S.-H. (*Pimenta do sertão*), avec leurs fleurs charnues et aux couleurs brillantes. Mais la plante qui montre le plus de vigueur et de fraîcheur, au milieu de cette végétation rabougrie et en quelque sorte endommagée par la sécheresse, c'est le *Pera ovata*, K , que je n'avais pas rencontré avant Trahiras, où pourtant il en existe de nombreux et très-beaux échantillons.

L'*Hymenæa stilbocarpa*, Mart., y est aussi fort commun, et à tel point qu'on pourrait le considérer comme l'un des premiers représentants de la haute végétation de ces campos.

Les *Qualea*, les *Kielmeyera*, le *Salvertia convallariæodora*, A. S.-H., le *Curatella Çaimbahiba*, le *Stryphnodendron Barbatimon*, Mart., le *Lafoensia pacari*, le *Magonia glabrata*, que j'y ai trouvé seulement en fruit, le *Vochysia elliptica*, Mart., le *Vochysia sericea*, Pohl., quelques espèces de *Bombax*, surtout le *Bombax tomentosum*, A. Jcs. (*Cother de Vaqueiro*), le *Caryocar brasiliensis* (Picqt), le *Davilla rugosa*, Pohl. (*Çaimbahibinha*), le *Gomphia hexasperma*, A. S.-H., le *Luhea paniculata*, A. S.-H. (*Açoita cavallo*), s'y trouvent représentés par un nombre plus ou moins grand d'individus. Ces plantes se rencontrent en général sur le bord du San-Francisco, et même jusque dans le sertão de Goyaz. Parmi elles, le *Lafoensia pacari* est le plus répandu et certainement l'espèce la plus commune dans tous les campos de la province de Minas. Il est très-renommé chez les *Mineiros* pour la couleur jaune qu'il fournit et, si je ne me trompe, à cause aussi des propriétés toniques et fébrifuges de ses racines.

J'ai récolté aussi aux environs de Trahiras le *Maprounea brasiliensis*, A. S.-H. (*Marmelleiro do Campo*), qu'on m'a présenté comme plante à la fois tinctoriale et médicinale. J'aurais dû appeler plus tôt l'attention sur les propriétés multiples que les habitants de l'intérieur du Brésil veulent bien attribuer le plus souvent aux plantes usuelles. Le *Mapronnea brasiliensis* est de ce nombre, et comme tel il mériterait une analyse chimique sérieuse.

Il n'est pas bien certain que toutes les vertus attribuées à une seule plante par les habitants de l'intérieur soient réelles, opinion partagée du reste par plusieurs autorités scientifiques. Voici ce que dit Aug. de Saint-Hilaire dans ses *Plantes usuelles des Brésiliens*, à propos des usages de cette Euphorbiacée :

« On fait bouillir ses feuilles avec de la boue, et on en tire ainsi une teinture noire qu'on applique aux étoffes de coton ; elle n'est pas fixe. On sait que c'est d'une plante de la même famille que s'extrait une substance tinctoriale bien connue, le Tournesol, et que beaucoup d'autres Euphorbiacées parasites paraissent contenir des principes colorants analogues.

« Nous ignorons sur quels effets est fondé l'emploi médical de la racine du *Marmelleiro do Campo*, qu'à Porto de Quebra-Anzol, dit-on, on administre en boisson et en lavement dans les dérangements d'estomac. Un tel emploi a droit d'exciter l'étonnement, quand on se souvient des propriétés qui s'observent généralement dans les Euphorbiacées et particulièrement dans les genres voisins de celui-ci (*Sapium*, *Excæcaria*, *Hippomane*, etc.), propriétés si énergiques, si redoutables pour un estomac sain, et à plus forte raison pour un estomac malade.

« Il est vrai que les espèces de ces genres dans lesquels elles ont été constatées présentent toutes un suc laiteux et âcre, et que le *Mapronnea brasiliensis* paraît du nombre de celles qui en sont dépourvues. »

Au milieu des Graminées et de quelques Cypéracées qui tapissent les plaines de Trahiras, j'ai rencontré des *Hyptis*, des *Lippia*, des *Baccharis*, des *Vernonia*, des *Aulomyrsia*, l'*Eugenia subcorymbosa*, Bg., le *Declieuxia pulverulenta*, Bart., l'*Exacum amplexifolium*, D. Dietr., un *Clitoria*, un *Desmodium*, et un joli arbrisseau que je ne me rappelle pas avoir vu plus loin, mais qui se trouve aussi à Sabará, c'est le *Diplusodon lanceolatus*, Pohl., dont on se sert, m'a-t-on dit, comme plante potagère.

Une des familles les plus caractéristiques de la flore brésilienne, celle des Melastomacées, est représentée dans les plaines de ces régions par plusieurs *Lasiandra*, *Microlicia*, *Cambessedia* et par quelques *Lavoisiera* d'une figure charmante. Cette famille m'y a offert une nouvelle espèce du genre *Trembleya*, qui, jusqu'à ce jour, n'a été généralement rencontré que dans les campos de Minas, quoique on en compte déjà treize espèces.

Le nouveau *Trembleya* de Trahiras est le *T. Pradosiana*, décrit et figuré dans mes nouvelles espèces brésiliennes, sous le n° 1. C'est un arbrisseau très-délicat, assez reconnaissable à l'abondance de poils fins et longs qui bordent ses feuilles et qui recouvrent toutes les parties jeunes de la plante.

Les campos possèdent généralement des arbrisseaux plus beaux que ceux des forêts, et parmi les plus remarquables que j'ai recueillis au voisinage de Trahiras, je dois mentionner l'*Exacum nervosum*, Spr., dont les fleurs blanches, en cimes raccourcies, terminent leurs tiges grêles et flexibles que le moindre vent agite.

Les bas-fonds humides et les vastes marécages qu'on commence à rencontrer déjà ici, mais qui se montrent de plus en plus communs lorsqu'on s'approche du San-Francisco, sont habités par le *Schultesia stenophylla*, Mart., par le *Buchnera palustris*, Spreng., par des *Hydrocharis* et des *Alisma*, par un joli *Pontederia*, un *Eriocaulon* et plusieurs *Jussiæa*, parmi lesquels j'ai trouvé l'espèce nouvelle dont je donne ailleurs la description.

Sur les rives de toute cette partie du Rio das Velhas se montrent très-fréquemment le *Combretum variabile*, Mart., aux fleurs très-odorantes, ainsi qu'un bel *Ardisia*, que je crois être l'*A. lepidota*, H. B. K. Cette plante, qui croit dans les régions boisées du nord du Brésil, me paraît appartenir à la classe des végétaux vagues, espèces nomades de l'Amérique tropicale, qui tantôt remontent jusqu'aux régions les plus intérieures du continent, tantôt descendant le long des fleuves et des rivières, viennent habiter presque sur les bords de la mer. Elles sont alors plus ou moins développées, selon qu'elles habitent des lieux plus ou moins proches de la côte.

Je n'ai pas eu le temps de bien examiner cette question qui est du plus haut intérêt pour la géographie botanique, mais il m'a semblé que plus on descend la vallée du San-Francisco, plus ces végétaux deviennent grands, sans que toutefois leur différence soit exagérée. C'est du moins ce que j'ai remarqué pour le *Cochlospermum insigne*, A. S.-H. (*Algodoeiro do campo, Butua do curvo*), pour le *Pisonia Caparrosa*, NETTO (*Caparrosa do campo*), pour le *Salvertia convallariæodora*, A. S.-H., et pour d'autres plantes enfin dont l'habitat a une certaine étendue.

En quittant Trahiras, nous entrons définitivement dans le vrai Sertão de Curvello, dont la végétation devient de plus en plus fixe, en ressemblant beaucoup à celle des taboleiros occidentaux de Bahia, de Pernambuco et de Piauhy.

Deux arbres aujourd'hui renommés par leurs propriétés utiles, le *Curatella Çaimbahiba*, A. S.-H., et le *Caryocar brasiliense*, A. S.-H., sont très-communs dans toutes ces régions. Le premier de ces arbres m'a surtout rappelé les campos du nord du Brésil, où il est connu sous le nom de *Cajueiro-bravo* : mais le nom de *Çaimbahiba* doit être préféré, ce me semble, comme nom populaire, car il donne parfaitement l'idée de la propriété la plus remarquable de ce végétal. En effet, *Çaimbahiba* veut dire, dans la langue indigène, arbre à chagrin (ou à papier de verre), à raboter, arbre à piquants, etc., et ceci se trouve en accord avec l'usage que les sauvages en faisaient et en font encore aujourd'hui. Ils s'en servent à la manière du papier de verre pour lisser leurs ustensiles en bois, et même dans les provinces du nord du Brésil, les menuisiers, peu habitués aux moyens employés dans les grandes villes, s'en servent dans leur travail.

On ne saurait trop prier les botanistes de conserver, autant qu'il est possible, lorsqu'ils donnent des noms aux plantes venant de ces contrées intérieures, de leur conserver ceux qui leur ont été imposés par les Indiens, car ces derniers indiquent généralement, soit une propriété médicinale, soit un usage industriel, qu'une longue expérience a confirmés, soit enfin la figure de la plante.

A ce sujet, je dirai quelques mots sur le *Maranta arundinacea*, L. Dans tout le Brésil, on l'appelle *Araruta*, des deux mots *Aru-Aru*, qui veulent dire *farine de farine*, pour donner une idée de la finesse du produit qu'on extrait de ses racines. C'est du moins l'opinion de M. de Martius, dont les travaux sur ce sujet font autorité aujourd'hui.

Le mot anglais *Arrow-root*, qui a été adopté généralement en Europe et surtout en Allemagne, où on l'a traduit dans son vrai sens de « Racine de flèche, » ne me paraît pas être d'accord avec les propriétés de ce végétal qui n'a rien de commun avec les plantes vénéneuses qui servent à empoisonner les flèches des sauvages. Je ne peux pas croire non plus qu'il y ait eu, de la part des Indiens, l'intention d'appeler — Flèche — ce Maranta dont la tige n'en offre nullement l'aspect. D'ailleurs, dans aucune des langues de l'Amérique, le mot flèche ne montre d'analogie avec celui d'araruta ou mieux d'aru-aru. Il y a eu certainement un quiproquo provenant de la similitude euphonique qui existe entre le mot brésilien et la dénomination anglaise. Je pourrais en citer encore d'autres exemples, mais je préfère laisser ces questions pour le moment et continuer mon excursion botanique.

Le 5 juin, nous avons laissé derrière nous le village de Trahiras. La sécheresse allait atteindre sa plus grande intensité et la végétation des campos, que je devais visiter dans nos moments d'arrêt, ne pouvait donc m'offrir qu'un très-petit nombre d'échantillons. C'étaient généralement les arbrisseaux les plus tenaces des plaines, tels que des *Oxalis*, des *Eryngium*, des *Cassia*, des *Croton*, etc., parmi lesquels j'ai vu constamment le *Pterandra pyroidea*, A. Jrs., don les fleurs en ombelles fasciculées égayent de leur couleur rose ces prairies jaunies et devenues monotones dans cette saison.

Après l'embouchure du Paraúna, les rives du Rio das Velhas sont bordées de marécages, quelquefois de lacs, et les campos eux-mêmes s'élèvent peu au-dessus du niveau de la rivière.

On ne tarde pas à remarquer au milieu d'eux une montagne calcaire qui s'élève tout à coup dans le lointain, et qui se prolonge dans une direction rectiligne pendant un parcours peu considérable ; c'est dans cette petite chaîne que se trouve la caverne des *Urubús*. Quelques lieues plus loin, et aussitôt après avoir dépassé l'embouchure de l'affluent Curmatahy [1], on rencontre la chaîne de montagnes du même nom. Elle se montre comme une barrière gigantesque, dont

[1] *Curmatá* (orthographe de Pizarro), poisson commun à Minas. *Hy*, rivière, eau, etc. Quelques auteurs ont écrit Corimatahy, Curumatahy et Corimatahy.

la hauteur au-dessus du niveau de la rivière varie de 400 à 700 mètres. A mon sens on devrait plutôt la considérer comme le bord d'un plateau, de même que la serra de la Mantiqueira, qui est, comme on le sait, le commencement d'un plateau du même nom.

Aug. de Saint-Hilaire a traversé rapidement Curmatahy du côté opposé à celui qu'on voit du Rio das Velhas; il a fait ce voyage lorsqu'il se rendait de *Formigas* à la ville de Diamantine, et il paraît qu'il n'y a récolté qu'un petit nombre de plantes.

J'ai eu occasion de monter jusqu'à l'un des sommets élevés de cette montagne, et j'y ai rencontré, dans une excursion d'une heure environ, quelques végétaux en fleurs, parmi lesquels je mentionnerai un *Orchis*, quelques *Melocactus*, deux espèces nouvelles de *Lychnophora*, le *Buchnera juncea*, Schl., et un *Cordia* fort beau.

Le genre *Lychnophora* surtout semble dominer sur ce plateau dont la flore n'est pas encore connue.

D'après le peu de plantes que j'y ai pu voir, il me semble que les végétaux y sont pour la majeure partie poilus ou couverts d'une couche cotonneuse, caractère important au point de vue de la température relativement très-basse à laquelle les végétaux sont soumis, surtout par la radiation nocturne, sur les plateaux élevés de l'intérieur du Brésil. Les jardins d'acclimatation des pays tempérés ne sauraient trouver certainement des plantes plus propres que celle-ci à leurs essais de culture, et ils feraient bien mieux de se les procurer que de prendre indistinctement les plantes des forêts intra-tropicales qui leur sont envoyées par leurs agents.

Sur le versant de la montagne j'ai recueilli un *Cassia*, un *Stylosanthes* et un *Calliandra* d'une grande beauté.

Les Catingas, ces bois du Sertão qui perdent généralement leurs feuilles pendant la sécheresse, commencent déjà à se montrer ici, soit à la base de Curmatahy, soit dans certains bas-fonds particuliers du voisinage. Mais les bords de la rivière sont toujours ombragés par des arbres forestiers qui ne cèdent leur place que lorsque le fer dévastateur de l'agriculteur les y oblige. J'y ai trouvé particulièrement quelques *Schinus* en fleurs et l'*Apeiba Tibourbou*, Aub., espèce voisine de l'arbre (si ce n'est elle-même), dont on fait les fameuses *jangadas*, — radeaux particuliers aux pêcheurs du nord du Brésil.

C'est dans les plaines humides de cette localité que j'ai vu pour la première fois des bouquets de *Mauritia vinifera*, Mart. (*Burity*), dont on m'avait parlé depuis quelques jours presque avec le même enthousiasme que les Arabes du Sahara lorsqu'ils parlent des oasis de Dattiers des déserts africains. En effet, je ne connais pas de plante qui réunisse à la fois autant de majesté et de grâce à autant d'utilité.

Le *Buritysal*, dans le sertão brésilien, est le soutien du pauvre; il lui fournit presque tout le matériel de sa case, il le nourrit pendant quatre mois de l'année [1], et lui donne enfin une boisson aussi rafraîchissante que tonique, qui n'est autre chose que la sève même de ce beau palmier.

A quelques lieues au-dessous de ce lieu, la végétation commence à se mêler à celle qu'on rencontre sur les rives du San-Francisco, et partout on voit quelque chose qui annonce le voisinage du grand fleuve.

Les *Tripluris* (*pajeú*) élèvent de tous les côtés leurs cimes fleuries au dessus du rideau verdoyant qui recouvre les bords de la rivière, en simulant des rideaux dont la couleur rose pâle ne fait qu'accroître le charme de ces belles solitudes. On y rencontre des milliers d'échassiers, généralement au plumage blanc, qui tantôt viennent se poser sur les extrémités des branches penchées vers le courant pour guetter leur proie, tantôt s'envolant en masse vont chercher les grands lacs des environs pour y déposer leurs œufs.

A chaque pas, des bandes de crocodiles et de cabiais se montrent sur les rives, et c'est à peine s'ils cherchent à se cacher quand ils entendent le bruit des rames ou la détonation des armes à feu.

Des solitudes majestueuses, un sol fécond sous tous les rapports, une nature enfin presque vierge, voilà ce que le voyageur aperçoit dès qu'il se trouve à une quinzaine de lieues du San-Francisco.

[1] J'ai reçu récemment à Paris de M. le docteur Pires, jeune et distingué propriétaire de la province de Piauhy, un peu de confiture du fruit de *Burity*, que j'ai distribuée à quelques personnes s'intéressant aux plantes économiques. Le goût de cette confiture m'a beaucoup rappelé celui du *Cucurbita maxima* et plus encore celui de l'*Elæis guineensis*, très-estimé à Bahia. M. Pires m'a dit que la pulpe du *Burity* est un aliment précieux pour les *Sertanejos*, mais que ces braves paysans sont atteints d'une sorte de jaunisse lorsqu'ils font usage de cette nourriture au delà de certaines limites.

Bientôt le fleuve se présente et, à la vue de la belle végétation qui borde cette imposante masse d'eau, on se croirait dans la terre promise sur laquelle on a fait les plus beaux rêves, rêves qui sont au-dessous de la réalité.

Nous nous sommes arrêtés à l'ancien village de la *Barra do Rio das Velhas*, qui est éloigné d'une demi-lieue du nouveau bourg de Guaycuhy.

Ces lieux sont habités depuis plusieurs années, et les campagnes situées en dehors de la zone des végétaux qui bordent le fleuve donnent bien les preuves de cette habitation. En effet, les *Catingas* et les *Capoeiras*, par leur nature, indiquent que là où elles sont maintenant il existait jadis de vastes forêts, dont quelques restes sont encore visibles aujourd'hui, mais seulement à une distance de deux à trois lieues.

Lors de notre arrivée dans cette région (juillet) les Catingas étaient presque complétement dépouillés de feuilles, et les campos eux-mêmes ne m'ont présenté généralement que des végétaux jaunis par l'air chaud et sec du sertão. A peine voyait-on çà et là les fleurs jaunes du *Cochlospermum insigne* et celles d'un Cordia arborescent, habitant particulier de cette partie du San-Francisco. Je n'ai d'ailleurs pas pu bien visiter les campos du voisinage, car, deux jours après notre arrivée dans cette station, nous nous sommes rendus au bourg de Pirapora, en remontant sur le San-Francisco les six à sept lieues qui nous en séparaient.

A Pirapora, comme partout dans ces prairies, la majeure partie de la végétation se ressentait beaucoup de la sécheresse; les feuilles pendaient de leurs branches et s'en détachaient au moindre vent. Mais, quelle que soit l'intensité de la sécheresse, l'arrêt de végétation n'y a pas lieu, comme je l'ai dit plus haut, aussi sensiblement que dans la zone tempérée, car on y voit beaucoup de plantes dont le développement n'en continue pas moins normalement. C'est pourquoi, malgré la saison, j'ai pu rencontrer dans les taboleiros de Pirapora plusieurs plantes en fleurs.

Je citerai parmi elles le *Nicotiana brasiliensis*, Lk. Otto (sur le bord des ruisseaux), le *Gomphrena holosericea*, Moq., le *Cissampelos Pareira*, L., l'*Hyptis glomerata*, Bth., l'*Hyptis cana*, Pohl., l'*Hyptis carpi-*

nifolia, Bth., qui est très-commun le long du Rio das Velhas, le *Casearia inæquilatera*, Camb., le *Caseraria Commersoniana*, Camb., un *Bauhinia* fort répandu dans le haut du San-Francisco, un *Riedleia*, un *Calliandra*, le *Gomphia nana*, A. S.-H., et une plante, ce me semble, bien rare et qui est jusqu'à ce jour la seule espèce connue du genre auquel elle appartient, l'*Homotropium erythrorhizon*, Nees.

Les végétaux communs aux campos de Jaguára et de Trahiras y étaient, à peu d'exceptions près, représentés; mais, ce qui m'a beaucoup surpris, ç'a été d'en voir une grande partie ayant une taille beaucoup plus élevée que dans ces stations.

J'ai déjà signalé ce fait et j'ai cité quelques plantes qui me l'ont présenté d'une manière assez notable. Parmi elles se trouve le *Pisonia Caparrosa*, qu'on verra décrit sous le numéro 3 dans mes *Espèces nouvelles*.

Je l'avais déjà rencontré à Trahiras, où sa taille ne dépassait pas quatre-vingts centimètres; depuis ce village jusqu'au bas de la rivière, je l'ai revu rarement et sans que mon attention fût frappée par un changement aussi grand que celui qu'il m'a présenté à Pirapora. La note dont je fais accompagner la description de cette plante renferme des détails circonstanciés à ce sujet, en expliquant en même temps l'usage général qu'on fait de ses feuilles, du moins dans la haute vallée du San-Francisco.

J'ai rencontré aussi à Pirapora un *Pisonia* en arbre, très-curieux, et auquel on attribue une action malfaisante sur la peau des personnes qui se reposent sous son ombre. On l'appelle tantôt *Páo Judeo*, tantôt *Páo Lepra*, et enfin, dans certains cantons, *João Molle*, quoique cette troisième dénomination ne me paraisse pas être aussi bien d'accord que les deux premières avec les propriétés qu'on lui attribue.

De même que pour le *Pisonia Caparrosa*, on trouvera des détails sur ce point dans la description de ce *Pisonia* caractéristique du Sertão, et que j'ai appelé *P. noxia* à cause de son nom vulgaire le plus connu, celui de *Páo Judeo* (Arbre nuisible). Nous étions encore à Pirapora lorsqu'on a commencé à brûler les campos. Depuis plusieurs jours déjà l'air était chargé de vapeurs, et de toutes parts un brouillard épais, donnant une couleur blafarde et quelque peu sinistre à la lumière du jour, voilait complétement ce ciel qu'on voyait si pur encore un mois auparavant.

Bientôt, comme si un mot d'ordre eût été donné à tous les bergers, les plaines furent instantanément en feu, et de tous les côtés d'épais tourbillons de fumée montaient vers le ciel comme des trombes gigantesques. Jamais je n'oublierai l'impression que j'ai éprouvée à la vue de ces vastes incendies, lorsque, du haut de la Serra do Trinchete (montagne du Tranchet), j'ai porté mes regards sur toute la contrée environnante. Trinchete se trouve à une lieue et demie de Pirapora, et, quoique sa hauteur ne semble pas dépasser deux cent cinquante mètres au-dessus du niveau du San-Francisco, il est très-rarement visité par les indigènes.

De ce point élevé j'apercevais une grande étendue du cours du San-Francisco à l'ouest, et en même temps toute la partie inférieure du Rio das Velhas à l'est. Les *queimadas* qu'on faisait à cette époque dans les plaines de ces régions étaient donc parfaitement visibles pour moi. C'était un spectacle à la fois triste et solennel, mais auquel tous les habitants du sertão se sont complétement habitués; ils y prennent même un certain plaisir, car ils savent qu'en brûlant leurs campos, ils auront plus tard la verdure indispensable à leur bétail.

La science n'a encore acquis jusqu'ici rien de bien précis relativement à l'influence que ces incendies périodiques exercent sur la flore générale du pays et sur sa météorologie; mais, quoi qu'il en soit, les bergers du sertão assurent que les campos qui ne sont pas brûlés sont les derniers à se couvrir de verdure et n'offrent pas généralement la même splendeur de végétation que ceux où le feu est mis chaque année; ils en sont si convaincus qu'ils s'efforçent de brûler le plus de terrain qu'ils peuvent. Je n'ai pas besoin de dire que le botaniste n'a rien à y faire à cette époque, et que s'il n'y a pas dans le voisinage quelque marécage ou quelque forêt que ces incendies n'atteignent pas, le seul parti qu'il ait à prendre est d'attendre la nouvelle floraison.

Heureusement elle ne tarde guère, la verdure renaît après les premières pluies qui viennent généralement à la suite des incendies, de sorte que celui qui parcourt ces plaines noircies par les flammes se réjouit de voir, peu de jours après les *queimadas*, une foule de petits arbrisseaux dont les fleurs fraîchement épanouies forment le plus beau contraste avec la couleur noirâtre de ces vastes solitudes.

En quittant Pirapora le 11 août, j'ai dû abandonner la voie du fleuve pour suivre par terre sa rive gauche, en remontant vers ses sources, ce qui m'a permis, après quelques journées de marche à travers les Taboleiros, de récolter déjà dans les *queimadas* quelques-unes des plantes nouvellement repoussées, telles que l'*Eriope crassipes* Brn., l'*Ionidium Poaya*, A. S.-H., deux *Camarea*, plusieurs *Oxalis* et le *Cochlospermum insigne*, A. S.-H., commun dans le bas du Rio das Velhas.

Nous avions à traverser à chaque instant dans cette excursion les nombreux confluents du San-Francisco, ce qui me permettait de récolter à la fois des plantes des campos et des plantes propres aux forêts.

Aux bords de presque tous les ruisseaux j'ai trouvé un grand nombre de *Parinarium* et de *Moquilea*, ainsi qu'un *Licania* et un *Schnella* fort beau. Ce sont des végétaux que je n'avais pas rencontrés dans la vallée du Rio das Velhas, et qui cependant sont très-communs sur les rives du haut San-Francisco.

Sur les bords du ruisseau Lucinda et de l'Abaeté, j'ai rencontré une Anacardiacée appartenant au genre *Odina*, qui a été considéré jusqu'à ce jour comme étant complétement étranger à l'Amérique. C'est donc une des plantes les plus intéressantes de ma collection, et comme par conséquent l'espèce était encore inconnue, je l'ai décrite dans mes *Espèces nouvelles*, sous le nom de *Odina Francoana*. On l'appelle vulgairement *Páo Pombo* ou *Páo de Pombo*, mais je doute beaucoup que sous ce nom, déjà commun à plusieurs arbres du Brésil, on puisse la signaler sans confusion dans les lieux qu'elle habite.

A côté de cet arbre intéressant j'ai recueilli, pour la première fois, les fleurs du *Strychnos pseudo-quina*, que j'avais vu à plusieurs lieues au-dessus de l'embouchure du Rio das Velhas et surtout dans les prairies de Pirapora. C'est le végétal le plus renommé du sertão contre les fièvres intermittentes, et, d'après les études qui ont été faites, il paraît que ses propriétés fébrifuges sont presque aussi efficaces que celles des *Cinchona* du Pérou. Aug. de Saint-Hilaire, dans ses *Plantes usuelles des Brésiliens*, donne l'analyse faite par Vauquelin de son écorce, ainsi que des renseignements généraux, ce qui me dispense d'en parler plus longuement.

Toute cette région est habitée par des Aras aux parures brillantes et toujours perchés sur les branches les plus élevées des arbres, ainsi que par des nuées de perroquets, et surtout par le *Soffrer* (*Aviolus aurantius*), dont le plumage est aussi beau que son chant est doux et plaintif. Cet oiseau habite tout le bas du Rio das Velhas et est très-commun sur les rives de cette partie du San-Francisco.

A chaque pas qu'on fait dans les campos, on rencontre des bandes de *Siriemas* (*Cariama*), dont l'agilité est surprenante. Le moindre bruit les fait fuir, et, pour bien les voir, il faut marcher doucement et profiter soigneusement des accidents du terrain.

Plus je montais vers les sources du fleuve, plus la végétation se montrait riche et plus les campos étaient couverts de verdure.

C'était la végétation se substituant à la fumée et aux flammes; c'était la vie après l'épuisement et le ravage.

On y rencontre quelques plantes généralement propres aux queimadas, telles que l'*Antonia ovata*, Pohl, le *Davilla rugosa*, A. S.-H., l'*Hyptis linarioides*, Pohl, le *Cuphea lysimachioides* Ch. et Schl., le *Cuphea ligustrina*, Ch. et Schl., un *Cassia* et le *Pfaffia glabrata*, Mart., qui est un peu nomade.

Ces petites plantes, réunies à l'Acajou nain (*Anacardium humile*), aux nombreuses espèces de *Polygala* des prairies, et aux *Echites*, forment un tapis de verdure quelquefois si épais qu'on se demande d'où sont sortis tous ces jolis végétaux qu'on n'y voyait pas avant l'incendie.

Un naturaliste, dont les écrits se ressentent autant de son profond savoir que du charme de son style, M. de Martius, en parlant de l'aspect de ces plantes, s'exprime ainsi : « Quelquefois d'épais buissons d'arbrisseaux réunis (Carrascos), tels que le Mate qui donne le Thé du Paraguay, un petit Acajou (*A. humile*), des Myrtes, des Cassias, des Crotons, s'étendent au loin dans les campos et ressemblent, agités par le vent, à une mer de verdure. » C'est en effet la scène que reproduisent ces vertes et vastes prairies, surtout lorsqu'elles sont parcourues par la brise du matin. Si pendant la nuit l'orage gronde et que la pluie vienne les inonder, en revanche le ciel est presque toujours d'un bleu magnifique pendant le jour.

C'est alors que les *Sertanejos* (habitants du sertão) s'écrient joyeux en regardant ces riants paysages : Voici le temps de la verdure revenu.

Le voyageur qui, un mois auparavant, se sentait accablé par un brouillard épais, par la fumée et quelquefois même se voyait entouré par les flammes, ne peut qu'admirer le rapide changement qui s'est opéré dans toute cette nature.

Quelques personnes, en Europe, voulant peut-être voir une certaine analogie entre ce qui s'y passe à cette époque et les phénomènes réguliers des saisons des pays tempérés, m'ont demandé quelle est la cause essentielle de la chute des feuilles des végétaux du sertão ; le premier habitant intelligent de ces contrées à qui cette question serait faite en aurait donné l'explication.

Je pourrais la répéter ici, mais comme M. de Martius et Aug. de Saint-Hilaire en ont parlé depuis longtemps et sont parfaitement d'accord sur ce sujet, je préfère m'en référer à leur juste appréciation en reproduisant ici quelques lignes du premier de ces savants relativement à la question :

« On nous a assuré que les *Catingas* restaient quelquefois plusieurs années de suite sans se couvrir de feuilles, lorsque les pluies manquaient pendant le même espace de temps, comme cela arrive à Fernambouc ; et, au contraire, des arbres qui appartiennent à la végétation des *Catingas*, conservent leur parure, lorsqu'ils croissent sur le bord des rivières. Cela prouve que le manque d'eau est ici la seule cause de la chute des feuilles..... Une pluie soudaine vient-elle humecter la terre..... Un monde nouveau paraît, comme par enchantement. Des feuilles d'un vert tendre ont couvert tout à coup les branches dépouillées; des fleurs nombreuses ont étalé leurs brillantes corolles ; les buissons hérissés d'épines et les lianes grimpantes qui n'offraient plus que des tiges arides se sont revêtus d'une parure nouvelle..... Partout l'air est embaumé des plus doux parfums, et les animaux qui avaient fui la forêt désséchée y accourent de nouveau, ranimés par les sensations délicieuses que fait naître un printemps enchanteur[1]. »

Les Capões, ces bouquets de bois répandus çà et là comme de petites oasis au milieu de la plaine, m'ont présenté dans le voisinage de l'Abaeté, le *Lucuma ramiflora*, A. D. C., le *Labatia macrocarpa*, MART., l'*Icica heptaphylla*, le *Symplocos nitens*, qui par son port et par son feuillage touffu est du plus bel effet au milieu des autres végétaux, plusieurs espèces de Meliacées, de Myrtacées, des *Inga*, des *Pterodon* (*cicupira*) et parfois le *Chorysia ventricosa*, NEES. et MART., dont les grandes fleurs roses se détachant du massif vert de la végétation se montrent au loin comme un rideau magnifique.

Dans les campos de cette même région on rencontre de nombreuses espèces d'arbres, d'arbrisseaux et de sous-arbrisseaux, parmi lesquels je citerai l'*Acalypha leptostachia*, H. B. K., l'*Anacardium humile*, l'*Eryngium sanguisorba*, CHAM. et SCHL., des *Xyris*, des *Eriocaulon*, des *Calliandra*, des *Lophostacus*, des *Stylosanthes*, le *Gomphia nana*, A. S.-H., le *Gomphia cuspidata*, A. S.-H., le *Leguminaria fallax*, jolie Bignoniacée aux fleurs blanches et au feuillage très-délicat, l'*Anemopægma mirandum*, connu à Minas pour les propriétés qu'on lui attribue contre la morsure des serpents, et plusieurs espèces de *Smilax*, de *Casearia*, d'*Abolboda*, etc.

Les lacs et les marécages, très-nombreux dans toute cette région, donnent un cachet particulier au paysage qui s'étend au loin dans toutes les directions, et dont la monotonie n'est interrompue que par les bouquets de *Mauritia vinifera* qu'on y rencontre fréquemment. On n'y aperçoit que de très-rares habitations, huttes misérables des bergers, le plus souvent bâties dans les enfoncements du sol ou à l'ombre des Capões et ne s'annonçant que par la faible fumée qui s'échappe de leurs foyers ou par les aboiements des chiens dont se servent les paysans de ces solitudes pour la chasse au tigre, au tapir et au cerf.

Chaque année, après les pluies, le San-Francisco sort de son lit et couvre les grandes plaines qui par leur niveau se trouvent à la portée de ses eaux.

[1] Phys. Pflanz. Bras.

Ce sont des bas-fonds couverts en général de buissons épais presque impénétrables où je rencontrais constamment deux espèces de Myrtacées, l'*Hyptis rubiginosa*, Bth., l'*Acacia Farnesiana* et le *Bauhinia inundata*, A. S.-H. (*Unha de Gato*).

Quant aux marécages et aux lacs ordinairement peu profonds dans cette contrée, ils sont habités principalement par un *Alisma*, *Reussia* et par le *Nymphæa amazonum*, Mart et Zcc.

Sur les rives de l'Abaeté j'ai rencontré un *Xylopia* qui par sa hauteur et par sa forme conique rappelle le port de quelques grands conifères.

Le *Waltheria communis*, A. S.-H., le *Xylopia sericia*, A. S.-H., étaient répandus dans les Catingas ou dans les bois plus éloignés de la rivière sur le bord de laquelle les *Triplaris noli-tangere*, Wedd., étalaient leurs belles grappes rose pâle et jonchaient le sol des fleurs qui s'en détachaient.

Dans les sables adjacents au lit du fleuve et de ses confluents, on rencontre partout le *Cleome pinosas*, qu'on appelle, dans quelques endroits du Brésil, *Catinga de Negro*, mais dont le véritable nom populaire doit être celui de *Môçaimbê* (plante à piquants), nom donné par les Indiens et conservé encore aujourd'hui dans les provinces d'Alagoas et de Fernambouc, et probablement dans les contrées voisines. Les nombreuses espèces de petits pigeons du genre *Colombina*, dont tout le Brésil est peuplé, sont très-friands de ses graines, et les paysans qui font la chasse à ces oiseaux, connaissant parfaitement cette particularité, sont toujours sûrs de les attraper lorsqu'ils placent leurs filets dans les buissons des Môçaimbê.

Cet arbrisseau se rencontre dans toute l'Amérique tropicale, et au Brésil il est toujours visible dans les plaines basses du littoral ou le long des rivières.

C'est en même temps une plante sociale, et rien n'est plus beau que de voir ses fleurs innombrables couvrant comme une nappe rose les plaines sablonneuses de la côte. Il ne serait peut être pas difficile d'admettre ses graines dans nos marchés comme nourriture pour les oiseaux granivores, d'autant plus que le Môçaimbê ne cesse jamais de fructifier et fructifie abondamment.

Sur les bords de l'Abaeté, j'ai vu des chercheurs de diamants dont la vie aventureuse m'a beaucoup surpris. Ce sont des hommes de toute profession, de toute nature : des bergers, des planteurs, des canotiers, des artisans, etc., mais qui, séduits par l'appât d'une fortune qui n'est que trop avare de ses dons, abandonnent leurs demeures, leurs occupations et quelquefois même leurs familles pour aller chercher dans les dépôts cailloutenx de cette rivière les pierres précieuses, dont ils ne trouvent que de très-petits et très-rares spécimens.

On rencontre ces mineurs improvisés pêle-mêle, se reposant au-dessous de quelques feuilles de palmier jetées sur quatre pieux enfoncés dans le sol. Ils n'ont d'autre nourriture que le poisson du fleuve ou le gibier qui vient sur ses rives pour se désaltérer et qu'ils préparent simplement en les faisant griller, sans aucune espèce d'assaisonnement.

A la merci des insectes pendant la nuit, ils passent la majeure partie de la journée, les pieds dans l'eau, à laver dans des sébiles spéciales (*bateias*) les cailloux qu'ils tirent du bord de la rivière. Le corps penché, le cou tendu, les yeux fixés sur le sable, ils s'attendent à chaque instant à entrevoir au milieu de la masse des cailloux le diamant brut, mais leur espoir est souvent déçu, et ce n'est que rarement qu'ils font récolte, et encore est-elle bien médiocre. Hélas ! de quelle utilité ne seraient pas ces malheureux pour l'agriculture et pour l'industrie de leur pays, si, au lieu de courir après une fortune chimérique, ils se mettaient à cultiver la terre ou à tirer profit des innombrables et précieux produits dont la nature a été si prodigue ! Leurs foyers ne manqueraient jamais du nécessaire, leurs familles jouiraient d'une existence plus heureuse et leur santé ne se ressentirait pas de cette occupation malsaine qui, tout en les privant des agréments de la vie champêtre, les conduit plus rapidement au tombeau.

Après avoir traversé l'Abaeté et plus loin l'Indaya, nous sommes arrivés au village de *Morada-Nova*, dont les plaines récemment incendiées étaient couvertes d'un épais tapis de verdure. Ici, j'ai revu presque toutes les plantes récoltées antérieurement le long du San-Francisco et plusieurs de celles que j'avais vues à Trahiras.

J'y ai récolté le *Simaruba versicolor* A. S.-H. (*Parahiba*), le *Sebastiania brasiliensis* Spreng, l'*Euphorbia Sellovii*, Kl., le *Terminalia sericia* Burch (*Capitão do campo*), l'*Anona furfuracea* A. S.-H., l'*Helicteres Saccarolha* A. Jus., le *Salvia tomentella* Pohl, le *Diospyros sericia* D. C., l'*Aulomyrsia thrysiflora* Berg, l'*Aulomyrsia cordifolia* Berg, un *Andira*, le *Stryphnodendron Barbatiman* (très-commun dans tous les campos intérieurs de Minas-Geraes), le *Declieuxia cordigera* Mart. et Zuc., l'*Hibiscus cucurbitinus* Burch, le *Maytenus brasiliensis*, le *Kielmeyera neriifolia* A. S.-H., un *Clitoria*, à peine épanoui sur les cendres des queimadas, un *Cassia*, quelques *Echites*, et l'*Aspidosperma subincanum* Mart.

Les ruisseaux, les marécages et les petits lacs des environs de Morada Nova sont remplis de plusieurs espèces de plantes offrant une grande variété. Dans le ruisseau qui côtoie le village, on rencontre un très-beau *Myriophyllum*, un *Vallisnertia*, dont les fleurs jaunes viennent s'épanouir à la surface du courant, ainsi qu'un *Hydrocharis*, un *Alisma*, un *Pontederia*, très-commun également dans les marécages, aux bords desquels on trouve de nombreuses petites plantes, appartenant aux genres *Mayaca*, *Ionidium*, *Sauvagesia*, *Luxembourgia*, *Arenaria*, *Richardsonia*, etc.

J'ai été agréablement surpris d'y trouver, presque dans l'eau, un *Ilex*, que je crois être le plus voisin de l'*I. paraguariensis*, si ce n'est pas ce précieux arbuste lui-même, quoique Aug. de Saint-Hilaire ne soit pas disposé à le croire habitant de ces régions. L'échantillon que j'ai rapporté a la plus grande ressemblance avec ceux du vrai mate, récoltés par ce botaniste, au sud du Brésil, à moins qu'on ne veuille considérer certaines nuances propres aux variétés comme des caractères spécifiques. Quoi qu'il en soit, il m'a été bien agréable de voir qu'on se servait à Morada-Nova de l'infusion des feuilles de cette plante (qu'on y appelle *Congonha*) en guise de thé, et qui, préparée sans les soins nécessaires et le plus simplement possible, m'a paru très-agréable.

Nul doute qu'une préparation meilleure ne la rendit aussi bonne et aussi estimable que le mate exporté du Paraguay.

Dans les capões de cette station, outre un *Petrocarya* et un *Hirtella*, j'ai recueilli des échantillons du *Callisthenes minor*, Mart. (*Páo de*

Pilão), arbre remarquable de ces contrées et dont le feuillage et les fleurs rappellent on ne peut mieux les *Cassia*.

Ces petits bouquets de bois, véritables oasis de l'intérieur du Brésil, se trouvent entrelacés de plusieurs lianes, parmi lesquelles on rencontre des *Bauhinia*, des *Smilax*, des *Cardiospermum*, et particulièrement l'*Hippocratea affinis*, et quelques *Strychnos*. Les espèces de *Smilax* connues généralement sous le nom vulgaire de *Japecanga*, habitent de préférence les plaines ou campos, et, chose singulière, on les aperçoit toujours à côté des nids de fourmis, insectes nuisibles dont l'abondance est remarquable dans ces régions.

L'*Atta cephalotes* (*Formiga carregadeira*) est certainement le fléau le plus terrible dont ait à se plaindre l'agriculteur brésilien. Il se trouve partout, et les ravages effectués en quelques heures à peine par leurs troupes innombrables, sur les plus vastes plantations, ne sont malheureusement que trop fréquents.

Les habitations des différentes espèces du genre Formica présentent les formes les plus variées et les plus bizarres. Ce sont des peuplades paisibles et que leurs instincts éloignent du vagabondage, auquel sont portés la majeure partie de ces Hyménoptères. Ces insectes s'établissent en société et font leurs nids, les uns au pied des buissons à plantes épineuses, telles que les *Japecanga*, ou entre les bases des feuilles des petits palmiers, les autres dans des trous pratiqués aux troncs des arbres et sous des pierres.

Mais le genre qui domine le plus dans les plaines de Minas, et qui y appelle plus particulièrement l'attention du voyageur, est le Myrmica[1], dont les longs bataillons défilent parfois pendant des heures

[1] Le savant docteur Lund, qui a fait sur les fourmis brésiliennes des observations fort curieuses, en parlant d'une espèce de ce genre, raconte ce qui suit :

« Je rencontrai un jour une colonne de ces fourmis qui traversaient la cour de mon habitation : elle partait de deux trous pratiqués dans la terre... et toutes celles qui en sortaient étaient chargées de proies consistant en différents insectes ; mais il en venait à peu près autant du côté opposé, marchant en sens contraire des autres et se rendant vers les trous où elles descendirent ; toutes celles-ci ne portaient absolument rien. La masse de l'armée était formée d'individus qui ne variaient que très-peu pour la taille ; mais çà et là on en voyait quelques-uns beaucoup plus grands et surtout distingués par leur tête très-grosse. Ceux-ci ne suivaient presque jamais la marche des troupes ; mais tantôt on les voyait marcher lentement en sens contraire, tantôt traverser le corps de l'armée, ou bien s'ils suivaient la même direction, ils ne marchaient pas au même pas que les

entières, à travers ces solitudes, comme s'ils allaient à la recherche de la Terre promise.

Bien plus encore que les fourmis, les termites se font remarquer dans les campos par leurs demeures d'argile qui affectent tantôt la forme de pyramides plus ou moins aiguës, tantôt celle de tourelles recouvertes par une toiture solide.

Depuis Morada-Nova jusqu'à l'*Arraial da Marmelada*, les *Mauritia vinifera* abondent dans les marais, et leur beauté est telle que partout où ils se trouvent le paysage prend un aspect remarquable.

Le petit nombre des palmiers des prairies y compte le *Cocos capitata*, Mart., dont la forme particulière le fait ressembler à certaines Cycadées.

Deux arbres, appartenant également aux campos du San-Francisco :

autres; mais ils allaient tantôt plus vite, tantôt d'un pas plus lent, et ils ne portaient jamais rien.

« Pendant deux heures que je restai à regarder la tactique de ces animaux, je vis quatre de ces grands individus postés autour de l'un des trous dont je viens de parler, dressés verticalement sur leurs pattes, la tête en l'air et les mandibules ouvertes, et autour de l'autre trou deux autres dans la même attitude.

« Au bout de ce temps, désirant observer de près et à mon aise leurs manœuvres, je me suis mis à écraser avec le pied plusieurs individus qui, errant en foule le long des flancs du corps de l'armée, m'empêchaient de m'en approcher; mais je ne dus pas rester longtemps en possession tranquille du terrain que je venais ainsi d'usurper; car à peine les maraudeurs les plus voisins du champ des massacres aperçurent-ils les cadavres de leurs camarades, qu'ils se mirent à courir de l'un à l'autre avec une grande vitesse et au même temps tous s'agitèrent; tandis que d'autres se rendirent à la hâte au trou le plus voisin.

« Dans le même instant, je vis aussi les quatre sentinelles placées autour de ce trou quitter le poste qu'elles avaient gardé pendant deux heures, et accourir directement à l'endroit où leurs camarades avaient été massacrés, de sorte qu'au bout de quelques minutes, cette place était complétement couverte de fourmis occupées à enlever les morts qu'elles allaient transporter dans le trou. Dans ce nombre, je comptai dix individus à grosse tête; ceux-ci ne prenaient aucun soin des morts; mais, avec une vitesse extrême et les mandibules ouvertes, ils couraient dans toutes les directions.

« Au bout de dix minutes, la place était nettoyée et évacuée. Pendant ce temps, la marche des troupes continuait comme auparavant ; mais ce qui est remarquable, c'est que durant cet enlèvement des morts, aucune des fourmis qui sortaient du trou n'était plus chargée du butin comme auparavant, et que ce ne fut qu'après que la tranquillité fut complétement rétablie que ce transport du butin recommença.

« Ce qui mérite encore plus d'attention, et qui me semble prouver d'une manière évidente le rôle que jouent dans la société des fourmis les individus à grosse tête, c'est que tandis, comme je l'ai déjà dit plus haut, que le trou le plus voisin du lieu du massacre n'avait été jusqu'ici entouré que de quatre de ces sentinelles ; après l'affaire dont je viens de parler, il fut gardé par neuf ayant tous l'attitude singulière que j'ai décrite plus haut. » (Lettre sur les habitudes de quelques fourmis du Brésil adressée à Audoin, *in Ann. des Sc. nat.*

le *Rourea reticulata*, Pl.ch. (*Páo de Porco*), et le *Connarus suberosus*, Pl.ch. (*Cabello de negro*), y représentent en abondance la famille des Connaracées, l'une des plus intéressantes des polypétales, à cause de sa grande affinité avec les familles voisines.

J'aurais dû parler plus tôt d'une Sapindacée comestible qui a été comprise dans le nombre des *Plantes usuelles des Brésiliens*, publiées par Aug. de Saint-Hilaire. C'est le *Sapindus esculentus*, A. S.-H., (*Pitombeira*), qui habite tout le long du San-Francisco jusqu'à Morada-Nova et Arraial da Marmelada, où je l'ai rencontrée en fleurs; je suppose qu'on doit la voir bien rarement au-dessus de ces stations.

L'arille du fruit de cette plante est charnue et son goût agréable, quoique un peu acide, la rend mangeable dans toutes les contrées où l'on rencontre le *Sapindus esculentus* (particulièrement dans les provinces du nord).

Aug. de Saint-Hilaire n'a eu sur ce fruit que des renseignements très-vagues, faute de constatation personnelle qui est la seule à laquelle on puisse se fier dans les cantons presque déserts de l'intérieur du Brésil.

Arraial da Marmelada, où j'ai vu pour la dernière fois le *Sapindus esculentus*, fut notre dernière station sur la rive gauche du San-Francisco; mais nous l'avons quittée le lendemain de notre arrivée pour prendre le chemin qui nous devait conduire à *Porto das Andorinhas* (Port des hirondelles), hauteur du San-Francisco où les caravanes du voisinage ont l'habitude de traverser ce fleuve. En descendant vers ce point, nous parcourûmes de vastes plaines dont la végétation, tout récemment repoussée, s'étendait au loin comme un manteau verdoyant dont l'extrémité allait se perdre dans les teintes bleuâtres de l'horizon. J'y ai récolté l'*Oxalis densiflora*, Mart., le *Dipteracanthus geminiflorus*, Nees, plante un peu nomade, l'*Hiræa ambigua*, le *Byrsonima intermedia*, A. Jus., l'*Heteropteris anoptera*, A. Jus., le *Pera Leandrii*, H. Bn., des *Phillanthus*, l'*Helicteres brevispira*, A. Jus., un *Loranthus* aux fleurs orangées et d'une beauté remarquable, l'*Anona cornifolia*, A. S.-H., un *Ardisia* (près d'un ruisseau), le *Camarea ericoides*, l'une des plantes les plus délicates des *queimadas*, où il est très-commun, l'*Hiræa cordifolia*, A. Jus., le *Cuphea ingrata*, Cham., des *Platypodium*, des *Cassia*, le *Cerastium Commersonii*, Sering., et le

Physocalix macrosepalus, dont le feuillage, d'un vert tendre et délicat, donne beaucoup de charme aux bouquets de bois répandus dans les campos ou sur le bord des ravins.

Le *Pisonia Caparrosa*, que je n'avais pas vu en fleurs jusqu'ici, en était couvert, mais les insectes le recherchent à tel point, que j'ai eu de la peine à rencontrer quelques périgones intacts.

Le *Caryocar brasiliense*, A. S.-H., (Piquy), est l'arbre le plus commun de ces plaines; partout on l'apercevait couvert de ses larges feuilles nouvellement repoussées sur lesquelles se détachaient ses fleurs blanches, dont la grandeur surpasse celles des plus beaux *Passiflora*.

Le fruit du Piquy, de même que celui du Burity, est un aliment très-estimé par les habitants de cette contrée, et il faut espérer que, soumis à une culture méthodique, il pourra devenir dans un court délai aussi recherché pour l'alimentation que les meilleurs fruits connus.

Les campos de la rive droite du San-Francisco, depuis le voisinage de ce fleuve jusqu'au village d'Abbadia, offrent la même végétation que ceux de Morada-Nova et d'Arraial de Marmelada; seulement les bouquets de bois y sont plus fréquents dans les bas-fonds et sur les bords des ravins.

Au reste le pays devient de plus en plus élevé, et les dépôts de bois silicifié, qui ont disparu à quelques lieues au-dessous de Trahiras, s'y montrent parfois de nouveau, quoique en petite quantité.

Toute la région comprise entre Pirapora et Marmelada, ou plutôt entre l'embouchure du Rio das Velhas et Porto das Andorinhas, ne présente que de très-faibles traces de culture; les plantations de canne à sucre, de maïs et de coton y sont très-restreintes et le caféier lui-même, qui est la principale culture de toute la partie orientale et méridionale, y est une chose rare.

Mais, dès qu'on se trouve aux environs d'Abbadia, ces plantations commencent à être visibles, quoique sur une très-petite échelle, et les habitations accompagnées déjà de leurs moulins à canne peuplent çà et là la campagne jusque-là généralement déserte.

Abbadia est une bourgade commerçante et très-animée, surtout lorsqu'on la compare avec les villages qu'on a laissés derrière soi sur les rives du San-Francisco. Nous y avons séjourné pendant quelques jours par une chaleur extrême.

Les jardins qu'on a ordinairement au Brésil derrière les habitations, surtout dans les villes de l'intérieur, sont plantés de Caféiers et d'un arbre fruitier indigène, l'*Eugenia cauliflora* (*Jaboticabeira*), dont les forêts voisines de cette bourgade, m'a-t-on dit, se trouvent remplies.

Le chou est la seule plante potagère qu'on puisse compter comme vraiment abondante dans l'intérieur du Brésil; les autres, quoique nombreuses et variées dans l'horticulture du voisinage des grandes villes brésiliennes, ne s'y trouvent que par hasard.

Quant aux caféiers, c'est pour la première fois qu'on les rencontre en groupes assez répandus, depuis qu'on a quitté l'embouchure du Rio das Velhas; mais, chose singulière, tandis que nos grandes plantations de la province de Rio de Janeiro et de la région boisée de Minas-Geraes étaient ravagées depuis plus de quatre ans par le papillon dit du café (probablement l'*Elachites* du café, décrit par M. Guérin de Meneville), les Caféiers d'Abbadia venaient à peine d'être atteints de ce fléau lors de mon passage dans cet endroit, qui a eu lieu au commencement d'octobre.

J'ai remarqué le même retard dans l'action de ce fléau sur les plantations de la province d'Alagôas, où je me suis trouvé pendant le mois de décembre de 1863, c'est-à-dire quatorze mois après mon passage à Abbadia.

Les agriculteurs de ce pays m'ont dit alors que dix-huit mois auparavant leurs caféiers ne montraient pas le moindre vestige de maladie, mais que depuis cette époque ils en avaient été considérablement atteints.

En quittant la bourgade d'Abbadia pour nous rendre à la ville de Pitangui, nous avons traversé, à une petite distance de cette localité, la rivière du Pará, dont les bords sont très-boisés et offrent de vastes surfaces de terrains exploitables pour la culture. J'y ai récolté des échantillons de quelques plantes intéressantes, telles que le *Cabralea glaberrima*, A. Jus., l'*Hirtella glandulosa*, Spreng., et un *Inga*, des plus grands que j'aie vus à Minas.

Ces forêts, le terrain lui-même et l'aspect général du paysage, me rappelaient quelque peu les régions que j'avais parcourues cinq mois avant, près de Jaguára, lorsque je descendais le Rio das Velhas. C'est que cette partie du Pará correspond à peu de chose près à la latitude de cet établissement, dont les campagnes offrent une végétation des plus variées et des plus belles.

La seule différence qui existe entre ces deux stations provient particulièrement de l'inégalité de leurs longitudes respectives, qui, comme on le sait, ont la plus grande importance lorsqu'il s'agit de la flore des grands continents.

Sur la rive droite du Pará se trouvent les propriétés du docteur Valladares, qui possède le plus beau bétail que j'aie rencontré dans mon voyage. On ne saurait trop louer les soins employés par ce *fazendeiro* éclairé pour l'amélioration de la race bovine. D'après ce qu'on m'a rapporté, il croise sans cesse les animaux abâtardis de l'intérieur avec d'autres individus de race pure qu'il fait venir à grands frais, et, grâce à ce moyen, son bétail doit être aujourd'hui le plus beau de ce canton.

En parcourant les campos, je rencontrais à chaque instant les buissons d'un petit *Andira*, auquel on attribue la propriété de tuer les insectes qui vivent dans les maisons, et qu'on dit très-énergique, surtout contre les blattes, d'où lui vient son nom vulgaire de *Matabarata*.

Comme plantes communes également aux prairies et non rencontrées jusqu'ici, je mentionnerai le *Vochysia tucanorum*, MART., le *Guarea velutina*, A. JUS., l'*Artanthe olfersiana*, MIQ., l'*Hyptis vestita*, BTH., et une Asclepiadée aussi belle que délicate, l'*Asclepias marginata*, DEN.

Mais en revanche, en m'éloignant du San-Francisco, je voyais tous les jours et progressivement disparaître devant moi une grande partie de végétaux particuliers aux rives de ce fleuve. Les bouquets de *Mauritia vinifera* restaient déjà loin derrière nous, et à peine si l'on pouvait distinguer dans le lointain leurs éventails verdoyants; plusieurs arbustes disparaissaient en même temps que ces beaux palmiers, et depuis quelques jours je n'entendais plus à mon reveil le chant doux et mélancolique du Soffrer (*Oriolus Aurantius*).

Bientôt je me suis aperçu d'un certain changement dans les végétaux des campos, ou plutôt des lieux déboisés par la culture; il provenait de la présence du *Pteris Caudata*, qui partout où il se trouve fait disparaître tous les arbrisseaux et les sous-arbrisseaux.

On le rencontre plus abondamment dans les terrains aurifères déjà exploités que dans les terres délaissées par les agriculteurs : cependant, chaque fois qu'un pays a été cultivé pendant très-longtemps, on peut être sûr d'y trouver également cette fougère.

Sa présence dans cette région était un indice du voisinage de Pitangui, où effectivement nous ne tardâmes pas à arriver. Cette ville se trouve bâtie, comme celle de Sabará, au milieu d'un terrain aurifère qu'on a superficiellement exploité depuis très-longtemps, ce que montrent au premier abord les amas de cailloux noircis par l'action du temps et répandus çà et là sur les coteaux des mornes qui l'avoisinent.

Le sol y est également ferrugineux, recouvert de petits blocs de quartzite comme celui de Sabará, et soit par son aspect général et par ses accidents, soit par la végétation qui le recouvre, il rappelle beaucoup les environs de cette ville.

En herborisant sur la montagne qui domine Pitangui, j'ai recueilli plusieurs *Echites*, le *Zeyheria montana*, Mart., le *Cissampelos ovatifolia*, D. C., le *Casearia stipularis*, Vent., quelques espèces très-belles et aux fleurs odorantes du genre *Gardneria*, l'*Hancornia speciosa*, que je n'ai pas vu au-dessus de cette station, plusieurs Acanthacées et entre elles un très-beau *Cyrtanthera*, le *Kielmeyera variabilis*, Mart., l'*Oxalis hirsutissima*, Mart. et Zuc., le *Lippia urticoides*, Stend., qu'on rencontre dans presque tout le Brésil, le *Vochysia Micrantha*, Pohl., le *Cybianthus cuneifolius*, Mart., le *Luhea rufescens*, A. S.-H., etc.

Dans les campos dominent encore plusieurs espèces abondantes sur les rives du San-Francisco, auxquelles viennent se réunir quelques-unes rencontrées à Sabará ; on y voit surtout les *Lisianthus*, les *Euphorbia* et les *Croton* que j'avais recueillis aux environs de cette ville. Mais à mesure que ces plantes commencent à se montrer de nouveau on perd de vue quelques-uns des individus habitant au voisinage de Pirapora ou dans les prairies comprises entre Abaeté et Arraial de Marmelada, tels que le *Rourea reticulata*, le *Connarus suberosus*, le *Clochospermum insigne*, quelques *Erythroxilon*, le *Salvertia convallariæodora*, le *Pisonia Caparrosa*, le *Pisonia noxia*, etc.

La rivière du Pará, que nous avions traversée après Abbadia, coule à une petite distance de la ville et conserve çà et là sur ses bords fertiles quelques restes des forêts primitives. Une excursion faite dans ces forêts m'a permis d'y récolter des plantes appartenant particulièrement aux Malpighiacées, aux Acanthacées, aux Myrtacées, aux Legumineuses, aux Bignoniacées et aux Rubiacées, qui m'y ont présenté quelques beaux *Gardenia*, un *Psychotria* et un *Exostema*. Le *Petrea subserrata*, CHAM., et un *Vitex* que je crois être le *Vitex montevidensis*, CHAM., y étalent partout leurs branches fleuries et abondent même dans les plaines où le terrain conserve un peu d'humidité.

Dans celle-ci on voit fréquemment le *Fredericia speciosa*, MART., le *Jacaranda paucifoliata*, MART., et surtout le *Bignonia brachypoda*, D. C., très-commun aussi aux environs de Sabará et connu dans ces contrées, sous le nom de Cigana, comme plante médicinale.

La rivière du Pará est parsemée d'ilôts très-petits dont la surface est couverte de jolies petites espèces particulières à ces stations, telle qu'un *Cuphea* aux fleurs roses pâles et presque blanches, un *Jussiæa*, une Myrtacée que je n'y ai vue qu'en fruit, un *Alisma*, etc.

Mais le végétal le plus intéressant que j'y ai recueilli, non pas sur les ilôts, mais au fond même du fleuve qui est composé de bancs de rochers plats et presque horizontaux, est le *Mourera fluviatilis*, qui choisit de préférence les lieux de la rivière où il existe les plus grands rapides. Cette circonstance m'aurait peut-être empêché de le récolter sans le moyen qui m'a été fourni par un heureux hasard.

Un habitant de Pitangui avait formé sur le Pará une de ces palissades originales dont se servaient les Indiens pour prendre du poisson dans les eaux courantes. C'est une espèce de barrière traversant toute la rivière en biais et se prolongeant en un réservoir composé de pieux minces réunis entre eux et à moitié hors l'eau. Le poisson, en descendant rapidement le courant, se précipite d'abord au fond de la palissade et est jeté ensuite par la force du rapide dans ce compartiment où, mis à sec et en même temps enfermé comme dans un grand panier ouvert, il peut être facilement pris. En me tenant à cette palissade j'ai pu recueillir à mon aise le *Mourera fluviatilis*, dont on voyait les larges feuilles complétement submergées.

L'influence de la culture se fait remarquer de tous les côtés aux environs de Pitangui et tout le long du chemin qui conduit de cette ville jusqu'à Barbacena. Le *Capim Gordura* ou *Capim Catingueiro* (*Melinis minutiflora*), devient le compagnon inséparable du *Pteris caudata* (*Samambaia*), partout où l'on a cultivé la terre et occupe quelquefois à lui seul de vastes plaines ombragées jadis par de majestueuses forêts que le fer du colon a détruites. C'est à dix lieues au-dessus de Pitangui que j'ai commencé à voir dominer cette Graminée : on la rencontre çà et là recouvrant comme un tapis d'un vert pâle les lieux exploités par les planteurs, d'où en se répandant vers les endroits nouvellement cultivés, elle devient un fléau pour le pays.

Quant aux végétaux des campos, ils ne m'ont présenté que très-peu d'intérêt, sauf que quelques espèces deviennent de plus en plus rares jusqu'à disparaître complétement, à mesure que je m'approchais du plateau de la Mantiqueira. Mais ce n'est qu'en petit nombre, car le fond de la végétation y est toujours le même.

Au nombre des végétaux qui disparaissent à moitié chemin de la ville de Pitangui et celle de Barbacena, et qui par leur importance ont appelé plus particulièrement mon attention, se trouvent le *Cargocar brasiliense* (*Piquy*) et le *Magonia glabrata* (*Tinguy*). L'absence du premier surtout est très-sensible, parce qu'il embellit beaucoup la flore des prairies par son port et par son beau feuillage. Peu de temps avant ceux-ci j'ai perdu également de vue le *Curatella Çaimbahiba* et le *Strychnos Pseudo-Quina* (*Quina do campo*), qui, d'après les échantillons rapportés par différents botanistes et par ce que j'ai constaté moi-même, me paraissent appartenir plus spécialement au fond de la vallée du San-Francisco.

Près du petit village de Itatiaya j'ai trouvé le *Stellingia serrata*, H. Bn., deux espèces de *Cestrum* et le *Belangera tomentosa*, qui, à partir de cette station jusqu'à la Mantiqueira, devient l'arbre le plus commun des capões. La montagne à laquelle ce village a emprunté son nom est très-élevée, et je suppose que sa flore, de même que sa nature géologique, doivent avoir le plus grand rapport avec celles de la Piedade, qui n'en est au reste pas loin.

Les pluies en devenant de plus en plus abondantes et en augmentant par suite les eaux des ruisseaux que nous avions à traverser à chaque instant, nous pressaient de gagner la ville de Barbacena, où nous sommes arrivés vers le commencement de novembre. Ce fut pour moi un moment très-agréable que celui où j'ai commencé à apercevoir de loin les magnifiques *Araucaria brasiliensis*, dont les cimes élevées et d'un vert sombre impriment à toutes ces prairies légèrement ondulées un caractère austère et plein de majesté. Les campos y étaient en pleine floraison, ce qui m'a permis de récolter beaucoup de végétaux nouveaux pour ma collection.

Le pays est très-accidenté aux environs de Barbacena et, soit sur les plaines humides, soit sur les mornes élevés, à l'est de la ville, on rencontre des plantes nombreuses. Parmi celles que j'y ai vues en fleurs, je mentionnerai l'*Heteropteris anoptera*, l'*Hyptis macrochila*, Mart., le *Cestrum corymbosum*, Schl., le *Solanum cœruleum*, Vel., le *Sarugesia racemosa*, A. S.-H., l'*Oxalis Martiana*, Zuc., le *Clusia Cruiva*, A. S.-H., un *Ilex*, le *Symplocos pubescens*, Klst. (dans les capões et au bord des marécages), le *Gaylussacia augustifolia*, Cham., dont les buissons couverts de leurs fleurs blanches se rencontrent dans les bas-fonds des endroits les plus élevés, le *Drymis granatensis*, Lin., Fil., le *Phyllantus orbilaculatus*, Rich., l'*Actinostemon grandifolius*, Kl., le *Schinus Aroeira*, L., le *Waltheria lanata*, A. S.-H., deux espèces de *Pavonia*, rencontrées dans les plaines qui avaient été récemment brûlées, un *Rumex* près des marais, un très-beau *Mogiphanes*, un *Polygonium* que je crois être une variété du *P. Acre*, H. B. K., le *Camarea hirsuta*, A. Jus., l'*Aulomyrsia Gardneriana*, le *Pseudocaryophilus sericens*, Bg., un *Rhamnus*, le *Drymaria cordata*, Willd., un *Hipericum*, plusieurs espèces de *Casearia*, un *Turnera*, un *Stylosanthes*, très-petit mais fort remarquable, le *Cuphea thymoides*, le *Laplacea tomentosa*, Mart. et Zuc., etc.

Le *Lafoensia Pacari* est encore aussi commun à Barbacena que dans le sertão de Minas; on l'aperçoit partout dans les campos et même dans les lieux bas récemment défrichés, ou au bord des forêts qu'on rencontre au pied de la Mantiqueira, c'est-à-dire là où il est étonnant de rencontrer des végétaux propres aux campos. C'est donc une de ces plantes curieuses des plaines dont la nature leur permet d'émigrer vers la région des forêts qui ne leur appartient pas naturellemement, et que par suite de cette prédisposition on peut espérer y introduire en cas de besoin.

Dans les marais qu'on rencontre à côté de cette ville j'ai recueilli plusieurs petites plantes telles que le *Mayaca Selowiana*, des *Scirpus*, des *Eriocaulon*, quelques *Drosera*, un *Ionidium*, de petits *Cyperus* et des *Sauvagesia*, d'un port très-délicat.

Le plus beau *Lavoisiera* de ma collection a été trouvé au bord d'un ruisseau de cette station, où les *Canna*, les *Pothos* et les *Arum* étalent à l'ombre de grands arbres leurs feuilles dont la grandeur et les formes remarquables font accroître la beauté des massifs dans lesquels on les rencontre. Ces formes, appartenant généralement aux forêts de la côte, y annoncent la proximité de ces forêts et lorsqu'en quittant Barbacena, on commence à descendre la Serra de la Mantiqueira, elles deviennent de plus en plus fréquentes au milieu des grandes graminées et des fougères en arbre au-dessus desquelles s'élèvent les majestueux *Araucaria brasiliensis*, dont tout le coteau de la chaine est ombragé.

Alors on voit paraître çà et là des grands *Cecropia*, des *Mimosa* aux feuilles finement découpées et tant d'autres végétaux élégants qu'on avait en vain cherchés dans les vastes solitudes du San-Francisco. Des palmiers nombreux viennent montrer aussi à leur tour l'élégance de leurs formes remarquables et imprimer autant de charme que de majesté à l'admirable paysage qui se déroule devant les yeux depuis le pied de la montagne jusqu'aux bords du Parahibuna.

En parcourant la belle vallée du Parahibuna jusqu'à la serra dos Orgãos, aux portes mêmes de la ville de Rio de Janeiro, le voyageur ne verra plus maintenant que le tableau majestueux des forêts tropicales, si bien décrit par Auguste de Saint-Hilaire. Après ce qui en a été dit si éloquemment et si vraisemblablement par cet illustre écrivain, je ne peux que répéter ses propres paroles, qui serviront en même temps de terminaison à mon itinéraire :

« Pour connaître toute la beauté des forêts équinoxiales, dit-il, il faut s'enfoncer dans ces retraites aussi anciennes que le monde. Là rien ne rappelle la fatigante monotonie de nos bois de chênes et de sapins ; chaque arbre a un port qui lui est propre ; chacun a son feuillage et offre souvent une teinte de verdure différente de celle des arbres voisins. Des végétaux gigantesques, qui appartiennent aux familles les plus éloignées, entremêlent leurs branches et confondent leur feuillage. Les Bignonées à cinq feuilles croissent à côté des *Cesalpinia*, et les fleurs dorées des Casses se répandent, en tombant, sur des Fougères arborescentes. Les rameaux mille fois divisés des Myrtes et des *Eugenia* font ressortir la simplicité élégante des Palmiers, et parmi les Mimoses aux folioles légères, le *Cecropia* étale ses larges feuilles et ses branches qui ressemblent à d'immenses candélabres. Il est des arbres qui ont une écorce parfaitement lisse; quelques-uns sont défendus par des épines, et les énormes troncs d'une espèce de Figuier sauvage s'étendent en lames obliques qui semblent les soutenir comme des arcs-boutants.

« Les fleurs obscures de nos hêtres et de nos chênes ne sont guère aperçues que par les naturalistes: mais dans les forêts de l'Amérique méridionale, des arbres gigantesques étalent souvent les plus brillantes corolles. Les *Cassia* laissent pendre de longues grappes dorées. Les Vochysiées redressent des thyrses de fleurs bizarres: des corolles tantôt jaunes et tantôt purpurines, plus longues que celles de nos Digitales, couvrent avec profusion les Bignonées en arbre: et des *Chorisia* se parent de fleurs qui ressemblent à nos lis pour la grandeur et pour la forme, comme elles rappellent l'*Alstroemeria* pour le mélange de leurs couleurs.....

« Ce sont principalement les Lianes qui communiquent aux forêts les beautés les plus pittoresques: ce sont elles qui produisent les accidents les plus variés. Ces végétaux, dont nos Chèvrefeuilles et nos Lierres ne donnent qu'une bien faible idée, appartiennent, comme les grands végétaux, à une foule de familles différentes. Ce sont des Bignonées, des *Bauhinia*, des *Cissus*, des Hypocratées, etc.; et si toutes ont besoin d'un appui, chacune a pourtant un port qui lui est propre. A une hauteur prodigieuse, une Aroïde parasite, appelée *Cipó d'imbé*, ceint le tronc des plus grands arbres: les marques des feuilles anciennes, qui se dessinent sur la tige en forme de losange, la font ressembler à la peau d'un serpent: cette tige donne naissance à des feuilles larges, d'un vert luisant, et de sa partie inférieure naissent des racines grêles qui descendent jusqu'à terre, droites comme un fil à plomb. L'arbre qui porte le nom de *Cipo matador*, ou la Liane meurtrière, a un tronc aussi droit que nos Peupliers.

mais, trop grêle pour se soutenir isolément, il trouve un support dans un arbre voisin plus robuste que lui ; il se presse contre sa tige, à l'aide de racines aériennes qui, par intervalles, embrassent celles-ci comme des osiers flexibles ; il s'assure, et peut défier les ouragans les plus terribles. Quelques Lianes ressemblent à des rubans ondulés ; d'autres se tordent ou décrivent de larges spirales ; elles pendent en festons, serpentent entre les arbres, s'élancent de l'un à l'autre, les enlacent et forment des masses de branchages, de feuilles et de fleurs, où l'observateur a souvent peine à rendre à chaque végétal ce qui lui appartient. »

[illegible] — IMPRIMERIE SIMON RAÇON ET COMP., RUE D'ERFURTH, 1.

www.ingramcontent.com/pod-product-compliance
Ingram Content Group UK Ltd.
Pitfield, Milton Keynes, MK11 3LW, UK
UKHW021816190726
13853UKWH00003B/1024